AF155674

BEI GRIN MACHT SICH IHR WISSEN BEZAHLT

- Wir veröffentlichen Ihre Hausarbeit,
  Bachelor- und Masterarbeit

- Ihr eigenes eBook und Buch -
  weltweit in allen wichtigen Shops

- Verdienen Sie an jedem Verkauf

Jetzt bei www.GRIN.com hochladen
und kostenlos publizieren

Bibliografische Information der Deutschen Nationalbibliothek:

Die Deutsche Bibliothek verzeichnet diese Publikation in der Deutschen National-
bibliografie; detaillierte bibliografische Daten sind im Internet über http://dnb.d-
nb.de/ abrufbar.

Impressum:

Copyright © 2015 GRIN Verlag, Open Publishing GmbH
Druck und Bindung: Books on Demand GmbH, Norderstedt Germany
ISBN: 9783668326989

Dieses Buch bei GRIN:

http://www.grin.com/de/e-book/342741/das-raetsel-von-lo-shu-addition-im-20er-
zahlenraum-mittels-zauberquadrat

Sandra Kappelhoff

"Das Rätsel von Lo Shu". Addition im 20er-Zahlenraum mittels Zauberquadrat (Mathematik 1. Klasse Grundschule)

GRIN Verlag

Zentrum für schulpraktische Lehrerausbildung

Seminar Grundschule

Schriftliche Unterrichtsplanung zum Unterrichtsbesuch

im Fach Mathematik

❖ **Thema der Unterrichtsreihe:** Lo Shu und das Zauberquadrat.

❖ **Thema der Unterrichtseinheit:** Das Rätsel von Lo Shu.

❖ **Klasse:** 1 (20 Kinder - 10 Mädchen/ 10 Jungen)

Inhalt

Die zentrale Absicht der Unterrichtsreihe:

Lo Shu und das Zauberquadrat – Die SuS haben die Möglichkeit das Aufgabenformat „Zauberquadrat" kennenzulernen und seine Strukturen zu entdecken sowie lückenhafte Quadrate zu vervollständigen und neue zu finden, indem sie problemorientierte Aufgaben bearbeiten, ihre Entdeckungen in Regeln überführen und diese auf neue Problemstellungen anwenden. Desweiteren können sie die Addition mit drei Summanden üben und festigen.

Darstellung der einzelnen Themen der Unterrichtseinheiten und deren zentrale Absicht:

Einheit	Thema/ inhaltlicher Schwerpunkt	zentrale Absicht
1 Der Zaubertrick	Wir lernen das Zauberquadrat und wichtige Wörter kennen. (1.Regel)	Die SuS haben die Möglichkeit das Aufgabenformat „Zauberquadrat" und den damit einhergehenden Wortspeicher kennenzulernen, indem sie den vorgeführten Zaubertrick enträtseln, auf das gesamte Quadrat übertragen, Entdeckungen in Regeln überführen und sich anfänglich mit Begrifflichkeiten darüber austauschen. Zudem können sie die Addition von drei Summanden üben und festigen.
2 Besondere Zahlen: gerade und ungerade	Wir wiederholen gerade und ungerade Zahlen.	Die SuS haben die Möglichkeit in einer intensiven Wiederholungsphase das Bestimmen von geraden und ungeraden Zahlen zu üben und zu festigen, indem sie problemorientierte Aufgaben zum Einfärben, Sortieren, Ordnen und Verteilen von Zahlen oder Mengen in Kleingruppen bearbeiten und sich darüber austauschen.
3 Das Rätsel von Lo Shu	Wir hören die Geschichte von Lo Shu und lösen das Rätsel auf ihrem Rücken. (2.Regel)	Die SuS haben die Möglichkeit ihr Wissen über Zauberquadrate zu festigen sowie anzuwenden und sich in weiteren Entdeckungen der Struktur anzunähern, indem sie ein Punktmuster enträtseln, die geraden sowie ungeraden Zahlen auf bestimmten Feldern im Quadrat ermitteln und ihre Entdeckungen in Regeln überführen. Zudem können sie im Austausch untereinander den Wortspeicher üben und festigen.
4 Die Geschwister von Lo Shu	Wir entdecken Unterschiede und Gemeinsamkeiten. (3.Regel)	Die SuS haben die Möglichkeit ihr Wissen über Zauberquadrate und ihre Strukturen zu festigen, anzuwendenden und zu erweitern, indem sie durch die Gemeinsamkeiten und Unterschiede weiterer Quadrate die Mittelzahl entdecken und aus ihren Merkmalen eine Regel ableiten.

5 Dein Zauberquadrat	Wir finden mit unseren drei Regeln ein eigenes Zauberquadrat.	Die SuS haben die Möglichkeit ein eigenes Zauberquadrat zu finden, indem sie die drei erarbeiteten Regeln anwenden, durch die Addition der drei Summanden überprüfen, das Zauberquadrat bestätigen oder weiter verändern.

2. Zentrale Absicht der Einheit und Lernchancen

Das Rätsel von Lo Shu - Die SuS haben die Möglichkeit ihr Wissen über Zauberquadrate zu festigen sowie anzuwenden und sich in weiteren Entdeckungen der Struktur anzunähern, indem sie ein Punktmuster enträtseln, die geraden sowie ungeraden Zahlen auf bestimmten Feldern im Quadrat ermitteln und ihre Entdeckungen in Regeln überführen. Zudem können sie im Austausch untereinander den Wortspeicher üben und festigen.

Im Sinne meiner formulierten Absicht eröffne ich folgende Lernchancen:

Auf der **Ebene der Sacherfahrungen** haben die SuS die Möglichkeit,
- ein Muster in der Punktdarstellung zu entdecken und in Ziffern zu übertragen.
- ihr erworbenes Wissen anzuwenden und das Zauberquadrat daraufhin zu überprüfen.
- die Addition von drei Summanden zu üben und zu festigen.
- ihr vertieftes Wissen über gerade und ungerade Zahlen anzuwenden und diese sowie ihre Positionen zu bestimmen.
- die Entdeckungen zu den besonderen Zahlen in eine Regel zu überführen.
- von dem Austausch in der Kleingruppe über Entdeckungen zu profitieren.
- ihren Wortspeicher erweitern und sich in der Fachsprache zu üben.

Auf der **Ebene der Sozialerfahrungen** haben die SuS die Möglichkeit,
- ihre Entdeckungen der Kleingruppe mitzuteilen.
- die Entdeckungen anderer nachzuvollziehen und davon zu profitieren.
- sich innerhalb der Kleingruppenarbeit in einer Rolleneinhaltung zu üben.
- aus den Entdeckungen, gemeinsam mit der Lerngruppe, eine Regel zu erstellen.

Auf der **Ebene der Individualerfahrungen** haben die SuS die Möglichkeit,
- ihr Wissen über die Struktur von Zauberquadraten zu festigen und zu erweitern.
- eigene Entdeckungen zu machen und festzuhalten.
- auf ihrem individuellen Lernniveau zu arbeiten.
- von Vorgehensweisen und Entdeckungen der Gruppe zu profitieren.
- die Umsetzung und Einhaltung einer Rolle innerhalb der Kleingruppenarbeit zu üben.
- ihren Wortspeicher zu erweitern und sich in der Fachsprache zu üben.

3. Sachinformationen zur Einheit

Die Einheit „Das Rätsel von Lo Shu" zielt auf das erkennen und nutzen von Mustern und Strukturen im Aufgabenformat „Zauberquadrate" ab. Diese magischen Quadrate sind geschätzt über 4.000 Jahre alt und repräsentierten in vielen Hochkulturen, wie bspw. dem alten China, das Sinnbild einer richtungsweisenden, kosmischen Ordnung.[1]

In dieser Reihe wird sich mit den Zauberquadraten, bestehend aus einem 3x3-Gitter beschäftigt. Somit ergeben sich neun Felder, in welche die Zahlen von 1 bis 9 eingetragen sind. Das besondere an ihnen ist, dass die Addition der 3 Zahlen in jeder Zeile sowie Spalte als auch Diagonale immer die gleiche Summe ergibt, die sogenannte Zauberzahl. Diese Summe bildet das Dreifache der Mittelzahl, d.h. der Zahl, die sich im Gitter im mittleren Feld befindet.[2]

Das bekannteste Zauberquadrat ist das „Lo Shu" (wörtlich übersetzt „Zahlendokument aus dem Fluss Lo), welches im Folgenden dargestellt wird.[3]

4	9	2
3	5	7
8	1	6

Hierbei stehen die geraden Zahlen in den Ecken für „Yin" (die weibliche Kraft) und die ungeraden Zahlen in der Mitte für „Yang" (die männliche Kraft), welche somit in einem harmonischen Ausgleich zueinander stehen. Dreht und spiegelt man dieses Zauberquadrat, erhält man sieben weitere, die alle die Mittelzahl 5 enthalten und die Summe (Zauberzahl) 15 ergeben.

In der vorliegenden Einheit soll auf dem Wissen über die Zahlenfolge und die Addition der drei Summanden mit dem identischen Ergebnis aufgebaut und das Muster der geraden sowie ungeraden Zahlen entdeckt werden, so dass daraus eine Regel für den Aufbau der Quadrate abgeleitet werden kann.

---

[1] Wittmann & Müller, 2004, S.197.
[2] Schemel, 2010, S.3ff.
[3] Wittmann & Müller, 2004, S.197ff.

4. Fachdidaktische Analyse

Das Zauberquadrat ist eine operative Übungsform, welches zum Entdecken von Zusammenhängen, zum Erarbeiten von Zahlbeziehungen und u.a. zum Üben der Addition einlädt. Hierbei geht es um grundlegende Voraussetzungen für die Orientierung und das Rechnen im Zwanzigerraum. Desweiteren führen Kenntnisse von Zahlvorstellungen, verschiedenen Zahldarstellungen und ihre Beziehungen zueinander, von Entdeckungen über Zahleigenschaften zu der Struktur des Zauberquadrates, welche wiederum eine Grundlage für die Vorstellung von Zahlen in neuen Zahlenräumen ist. Zudem wird die Motivation der Kinder, durch das Angebot ein Rätsel zu lösen, gesteigert und ihre Selbstständigkeit, auf eine eigene Lösung zu kommen und anderen mitzuteilen, trainiert.[4]

Der didaktische Aufbau der Reihe ist angelehnt an Wittmann & Müller (2004), so dass sich die vorliegende Einheit auf den bereits erarbeiteten Umgang mit den Zauberquadraten stützt und auf weitere, zu entdeckende Strukturmerkmale des Zauberquadrates abzielt. Dabei ermöglicht das Format des Zauberquadrates eine natürliche sowie innere Differenzierung und fördert gleich mehrere inhalts- bzw. prozessbezogene Kompetenzen.[5]

In den Richtlinien und Lehrplänen lässt sich die Einheit „Das Rätsel von Lo Shu" im Inhaltsbereich „Zahlen und Operationen" mit den Schwerpunkten „Zahlvorstellungen" und „Operationsvorstellungen" wiederfinden. Die Kompetenzerwartungen sind beschrieben mit dem Wechsel zwischen verschiedenen Zahldarstellungen, dem Nutzen von Strukturen zur Anzahlerfassung sowie dem Orientieren im Zahlenraum durch Zählen, Ordnen und Vergleichen. Desweiteren werden die Kompetenzen zum Entdecken sowie Beschreiben von Beziehungen zwischen Zahlen mit eigenen Worten, zur Zuordnung von Grundsituationen und zur Verwendung der Fachbegriffe geschult. Im prozessbezogenen Bereich spricht die Einheit vordergründig das Problemlösen / kreativ sein an. Dabei soll in ersten Ansätzen das Argumentieren angeregt sowie das Darstellen / Kommunizieren weiter ausgebaut werden. Im Folgenden wird stichpunktartig dargestellt, welche Aspekte der drei prozessbezogenen Bereiche innerhalb der Einheit berücksichtigt werden.

Beim **Problemlösen / kreativ sein** haben die SchülerInnen die Möglichkeit,
- der Einführungsphase die relevanten Informationen zu entnehmen, um das Rätsel (Punktdarstellung in Zahldarstellung überführen) zu lösen (erschließen).
- anhand des entstandenen Zauberquadrates gerade und ungerade Zahlen zunehmend zielorientiert zu bestimmen und die Einsicht in deren festen Positionen zur Problemlösung zu nutzen (lösen).
- ihre Entdeckungen in der Kleingruppe zu vergleichen, zu überprüfen und ggf. zu korrigieren (reflektieren und überprüfen).
- ihre Entdeckungen über die festen Positionen der geraden und ungeraden Zahlen in eine Regel zu überführen und auf neue Quadrate anzuwenden (übertragen).

Beim **Argumentieren** haben die SchülerInnen die Möglichkeit,

---

[4] Richtlinien & Lehrpläne, 2008, S.55ff.
[5] Schemel, 2010, S.2ff.

- stellen Vermutungen über die Auffälligkeit der Positionen von geraden und ungeraden Zahlen im Zauberquadrat an (vermuten).
- testen ihre Vermutungen anhand der Übertragung auf das gesamte Quadrat (überprüfen)
- bestätigen oder wiederlegen ihre Vermutungen und entwickeln ansatzweise eine Regel für den Strukturaufbau des Zauberquadrates (folgern).

Beim **Darstellen / Kommunizieren** haben die SchülerInnen die Möglichkeit,
- ihre Lösungen und Entdeckungen festzuhalten (dokumentieren).
- ihre Lösungen und Entdeckungen auf Arbeitsblättern unter der Dokumentenkamera darzustellen (präsentieren).
- bestimmte Rollen innerhalb der Gruppenarbeit einzuhalten und sich über Lösungen sowie Entdeckungen auszutauschen (kooperieren & kommunizieren).
- verwenden und entwickeln ihren Wortspeicher weiter (Fachsprache verwenden).[6]

Des Weiteren werden die zentralen Leitideen eines Mathematikunterrichts bei der Planung der Einheit beachtet, welche im Folgenden aufgelistet werden.

Entdeckendes Lernen: Die SuS können durch den Impuls der Punktdarstellung und den parallel laufenden Arbeitsauftrag die geraden sowie ungeraden Zahlen im Zauberquadrat systematisch oder unsystematisch bestimmen und anhand der Übertragung in die Zahldarstellung überprüfen. Desweiteren können sie die entdecken, dass die Positionen der geraden und ungeraden Zahlen ein bestimmtes Muster im Quadrat erzeugen.

Beziehungsreiches Üben: Die SuS können sich anhand des Rätsels problemorientiert und operativ mit dem Zahlenraum, ihrer individuellen Vorgehensweise und der Struktur des Zauberquadrates auseinandersetzen, so dass ihr Wissen und Können gefestigt und vernetzt werden kann.

Vernetzung verschiedener Darstellungsformen: Die SuS können sich durch den Impuls der Punktdarstellung sowie den Auftrag zur Übertragung in die Zahldarstellung und die Verwendung von Ziffernkarten handlungsorientiert einer Lösung nähern und diese mit Hilfe des Wortspeichers verbalisieren.

Anwendungs- und Strukturorientierung: Die Strukturerschließung des Zauberquadrates kann beides beinhalten. Die Anwendungsorientierung bezieht sich hierbei ansatzweise auf das systematische Lösen von Rätseln und kann von einfachen bis hin zu komplexen Zahlenrätseln als auch Buchstabenrätseln erweitert werden. Das Entdecken und Beschreiben von Strukturen, Muster und Zahlbeziehungen bezieht sich demnach auf die Strukturorientierung, welche die Schulung von Vorgehensweisen, wie Ordnen, Verallgemeinern und Übertagen beinhalten.

Individuelles Lernen: Die SuS können sich zunächst in der Einführung durch Vermutungen, die auf ihrem individuellen Kenntnisstand beruhen, beteiligen. In der Kleingruppenarbeit haben sie die Möglichkeit ihre individuellen Vorgehensweisen und Entdeckungen einzubringen und von den Anderen zu lernen. In der abschließenden Reflexion können sie ihre Lösungen und Entdeckungen präsentieren und auf Neues anwenden. So bekommen sie in jeder Phase eine ermutigende Rückmeldung oder Hilfestellung und erfahren, dass ihre mathematischen Aktivitäten bedeutungsvoll sind.[7]

---

[6] Richtlinien & Lehrpläne, 2008, S.57ff.
[7] Richtlinien & Lehrpläne, 2008, S.55ff.

5. Analyse der Lernaufgabe

In der Unterrichtseinheit „Das Rätsel von Lo Shu" können die SuS in der Kleingruppenarbeit die angebotene Punktdarstellung als Rätsel in die gewohnte Zahldarstellung übertragen und das Format des Zauberquadrates darin entdecken. Desweiteren sollen die Punktdarstellung und der damit einhergehende Arbeitsauftrag die Kinder zum Finden, Bestimmen und Entdecken der geraden und ungeraden Zahlen in bestimmten Positionen im Quadrat anregen. Sie können dabei Ziffern- und Tippkarten zur Hilfe nehmen sowie den Austausch untereinander nutzen, um zu einer Lösung oder zu Entdeckungen zu gelangen. Diese können dann auf vorgefertigten Arbeitsblättern notiert und in Ansätzen erklärt oder begründet dargestellt werden.

In flexiblen Zwischen- oder Abschlussphasen können die Kinder ihre Ergebnisse unter der Dokumentenkamera präsentieren und ihre Entdeckungen mit der gesamten Lerngruppe teilen.

In der Zusatzaufgabe können sie weitere Strukturmerkmale des Zauberquadrates entdecken und für sich notieren sowie der Lerngruppe präsentieren und erklären.

Zum Abschluss haben sie die Möglichkeit ihre Entdeckungen in eine Regel zum Aufbau der Struktur von Zauberquadraten zu überführen und anhand eines neuen Quadrates zu überprüfen.

Dabei sollen die Anforderungsbereiche I bis III im Kontext der prozessbezogenen Kompetenzen wie folgt angesprochen werden.

Im **Anforderungsbereich I (Reproduzieren)** haben die SchülerInnen die Möglichkeit,

- die Punktdarstellung durch Abzählen und mithilfe der Ziffernkarten in die Zahldarstellung zu übertragen.
- ihre Lösung mit dem Format des Zauberquadrates in Verbindung zu bringen.
- die geraden und ungeraden Zahlen mittels der Punkt- oder Zahldarstellung probierend zu bestimmen, festzuhalten und ansatzweise ein Muster zu entdecken.

Im **Anforderungsbereich II (Zusammenhänge herstellen)** haben die SchülerInnen die Möglichkeit,

- die Struktur der Punktdarstellung zu erkennen und für die geschickte Überführung in die Zahldarstellung zu nutzen.
- ihre Lösung rechnerisch zu überprüfen und zu präsentieren.
- die geraden und ungeraden Zahlen mittels Punkt- oder Zahldarstellung zunehmend systematisch zu bestimmen sowie ein Muster zu entdecken, festzuhalten und zu präsentieren.

Im **Anforderungsbereich III (Strategien / Verallgemeinern)** haben die SchülerInnen die Möglichkeit,

- die geraden und ungeraden Zahlen mittels Punkt- oder Zahldarstellung zielorientiert zu bestimmen und das Muster zu entdecken, zu beschreiben und zu präsentieren.
- aus dem Muster eine Regel für die Struktur des Zauberquadrates abzuleiten und anhand eines neuen Quadrates auf ihre Allgemeingültigkeit hin zu überprüfen.[8]

---

[8] Blum, W. u.a., 2010, S. 20 ff.

6. Lernvoraussetzungen der Kinder bezogen auf die Lernaufgabe der Einheit

Lernanforderung	Aktueller Lernstand	Handlungskonsequenzen
	in Bezug auf die Sache	
Die SuS bekommen Hilfsmaterial (Ziffern & Tippkarten).	Einige SuS zeigen teilweise Schwierigkeiten sich sicher im gegebenen Zahlenraum und im Aufgabenformat des Zauberquadrates zu orientieren und zurechtzufinden.	Ich biete ihnen gruppenweise das Hilfsmaterial und Tippkarten am Materialtisch an und fordere sie ggf. dazu auf es auszuprobieren, damit sie auf sicherem Wege zu einer Lösung gelangen und auf Entdeckungen stoßen können.
	in Bezug auf Methoden und Medien	
Die SuS arbeiten zu Dritt mit einer Rollenverteilung.	Einigen SuS fällt es manchmal schwer konzentriert mit dem Anderen zu arbeiten.	Ich achte besonders auf ihre Gruppenaktivitäten und schreite bei Bedarf unterstützend ein, indem ich sie auf ihre Aufgabe aufmerksam mache und Impulse setze.
Sprache und Sprechen	Die SuS stellen Vermutungen an, benutzen den Wortspeicher und reflektieren verbal ihre Lösungen oder Entdeckungen.	Ich unterstütze durch das Zeigen auf visuelle Hilfen und räume ihnen mehr Zeit ein.
	Einige SuS haben noch Schwierigkeiten ihre Gedanken in Worte zu fassen.	

Die Lerngruppe hat zum Aufgabenformat „Zauberquadrat" und dem übergeordneten Thema „Zahlenrätsel" noch nicht gearbeitet. Die erste Einheit zu der Reihe hat großen Aufschluss über den Umgang, die Vorgehensweise und vorhandene Fähigkeiten der Kinder gegeben, auf deren Grundlage die weiteren Einheiten entwickelt wurden. Bei der Auswertung der verwendeten Arbeitsblätter fiel besonders auf, dass einige SuS Schwierigkeiten hatten, sich in dem Format des Zauberquadrates zurechtzufinden und ihrer anfänglichen Systematik treu zu bleiben oder ihre Vorgehensweisen und Entdeckungen zu beschreiben. Dagegen zeigten andere SuS, dass sie ihre Entdeckungen teilweise oder vollständig nachvollziehbar darstellen, begründen und erklären können. Aus diesen Erkenntnissen wurde die Entscheidung getroffen, die SuS in Kleingruppen leistungsbezogen zu mischen, damit sie in den verschiedenen Anforderungen voneinander profitieren und sich gegenseitig unterstützen können. Im Folgenden wird die Einordnung der einzelnen SuS zu drei verschiedenen Niveaustufen aufgelistet.

1. Hohes Niveau: 7 Kinder
2. Mittleres Niveau: 5 Kinder
3. Niedrigeres Niveau: 7 Kinder

In der Lerngruppe befindet sich ein Schüler mit einem sonderpädagogischen Förderbedarf im Bereich geistige Entwicklung, welcher bedingt, dass er im Fach Mathematik zieldifferent unterrichtet wird. Er befindet sich momentan in einer intensiven Arbeitsphase zu Zahlzerlegungen im Zahlenraum bis 10 und soll aufgrund kontinuierlicher Prozesse in seinem Kompetenzaufbau nicht unterbrochen werden. E. wird demnach nicht an der Unterrichtsreihe zu Zauberquadraten teilnehmen, um mit der Sonderpädagogin seine Arbeitsphase ungestört beenden zu können.

7. Darstellung des Unterrichtsverlaufs

Methodische Entscheidungen	Begründung
Ich habe mich für die Darstellung des Verlaufs mit Themenleine, Transparenzsymbolen und Zielfahne entschieden.	Sie bieten für die SuS eine einfache und strukturierte Orientierung über den Verlauf der Reihe und Einheit.
Ich habe mich für eine Einführung mit Demonstrationsmaterial entschieden.	Die SuS haben so die Möglichkeit eine genauere Vorstellung von der Problemstellung zu bekommen.
Ich habe mich für die Kleingruppenarbeit mit drei Kindern entschieden.	Sie bietet den SuS die Möglichkeit voneinander zu profitieren und sich auf ihrem eigenen Niveau weiterzuentwickeln.
Ich habe mich für die Rollenverteilung von Materialholer, Ruhewächter und Schreiber entschieden.	Sie bietet den SuS die Möglichkeit ihr Lernen selbstständiger zu organisieren.
Ich habe mich für ein handlungsorientiertes Arbeiten entschieden.	Dies bietet den SuS die Möglichkeit sich handelnd mit der Aufgabe auseinander zu setzen.
Ich habe mich für die Arbeit mit der Dokumentenkameraentschieden.	Es bietet den SuS die Möglichkeit, der gesamten Lerngruppe ihre Zwischenergebnisse zur Orientierung zu präsentieren.
Ich habe mich dafür entschieden Tipp-Karten anzubieten.	Die SuS haben die Möglichkeit bei Problemen nachzuschauen und ihre Arbeit fortzusetzen.
Ich habe mich entschieden Zusatzaufgaben bereitzustellen.	So können die SuS über das Ziel der Stunde hinaus arbeiten und ihr Wissen erweitern.

Ich habe mich für Klatschrhythmen als Signale
    • für das Ende der Arbeitsphase
    • für Kurzinformationen
entschieden.
	Der Lerngruppe sind die Signale bekannt. Es soll ihnen eine zeitliche Orientierung geben oder der Mitteilung von Zusatzinformationen dienen.

Ich habe mich für die begleitende Erarbeitung eines Wortspeichers entschieden.	Die SuS haben somit eine Grundlage, die sie selbst erarbeitet und in den Phasen des Austauschs und der Reflexion nutzen können.
Ich habe mich für die Gesprächsmethode der Meldekette entschieden.	Die SuS gestalten damit den Unterricht zunehmend selbstständiger.
Ich habe mich für die Einführung und Reflexion im Sitzkreis entschieden.	Die Lerngruppe ist an diese Arbeitsform gewöhnt und spricht in Situationen der gemeinsamen Erarbeitung am besten darauf an.

8. Lernkomponenten

Initiation

- Begrüßung und Vorstellung des Besuchs
- Einstieg in die heutige Stunde durch die Geschichte von Lo Shu

Was? Löse das Rätsel von Lo Shu. Finde die geraden und ungeraden Zahlen. Was fällt dir auf?

Wie? Kleingruppenarbeit

Wozu? Ein Muster in den Positionen der geraden und ungeraden Zahlen erkennen und in eine Regel überführen.

Orientierung

- Was, Wie, Wozu
- Einstieg in die Stunde durch die Geschichte von Lo Shu
- In der Kleingruppenarbeit legen, festhalten, entdecken, beschreiben
- In der Lerngruppe gemeinsam reflektieren
- Ausblick
- Verabschiedung

Integration

Die SuS können ihre Erkenntnisse und Erfahrungen, die sie im Rahmen der Unterrichtsreihe gemacht haben weiterentwickeln. Im Bezug auf die Einheit können die Kinder den Umgang mit dem Aufgabenformat „Zauberquadrat" üben, neue Muster entdecken, Regeln aufstellen und ihre Erfahrungen im Rätsellösen erweitern.

Transformation

Arbeitsauftrag:

- Kleingruppenarbeit: „Löse das Rätsel von Lo Shu. Finde die geraden und ungeraden Zahlen. Was fällt dir auf? Beschreibe."
- Zusatzaufgabe: „Vergleiche mit den Geschwistern von Lo Shu. Was fällt dir auf? Beschreibe."

Sozialform: Kleingruppenarbeit, Zusatzaufgabe

Material: Arbeitsblatt, Ziffernkarten, Tippkarten, Einführungs- und Beispielmaterial, Dokumentenkamera, Wortspeicher, Zielfahne

Reflexion/Präsentation

Zwischen-Reflexion:

„Schau dir die Lösung von X an. Hast du es genauso oder anders?"

Abschluss-Reflexion mit einleitender Frage:

„Welche Entdeckungen hast du gemacht? Versuche zu beschreiben. Kannst du eine Regel dazu aufstellen?"

Sozialform: Lerngruppe im Sitzkreis

Medien: Arbeitsblatt, Ziffernkarten, Einführungs- und Beispielmaterial, Dokumentenkamera, Wortspeicher, Zielfahne

9. Literaturverzeichnis

Blum, W.,; Drüke-Noe, C.; Hartung, R. & Köller, O. (Hrsg.) (2010): *Bildungsstandards Mathematik: konkret.* Berlin: Cornelson Scriptor.

Hirt, U. & Wälti, B. (2014): *Lernumgebungen im Mathematikunterricht. Natürliche Differenzierung für Rechenschwache bis Hochbegabte.* Seelze: Klett / Kallmeyer.

Richtlinien und Lehrpläne für die Grundschule in Nordrhein-Westfalen. Frechen: Ritterbach.

Ministerium für Schule und Weiterbildung des Landes Nordrhein-Westfalen (2008) (Hg.):

Wittmann, E. & Müller, G. (2004): *Das Zahlenbuch 1. Lehrerband. Mathematik im 1. Schuljahr.* Stuttgart: Klett.

Wittmann, E. & Müller, G. (2001): *Handbuch produktiver Rechenübungen. Band 1. Vom Einpluseins zum Einmaleins.* Stuttgart: Klett.

Internetquellen:

Schemel, V. (2010): *Zauberquadrate entdecken.* Haus 7. Gute Aufgaben. (Zugriff über http://www.pikas.uni-dortmund.de/ am 2.6.15)

Arbeitsblätter aus der 1. Einheit:

Das Zauberquadrat   **AB 1**

Name: _____

Finde andere Aufgaben mit dem Ergebnis 15. (⭐ mit der Summe 15)

1. Schreibe mit verschiedenen Farben.
2. Kreise mit verschiedenen Farben ein.

6	1	8
7	5	3
2	9	4

Zauberzahl

15

Schwarz: _6 + 1 + 8 = 15_   Gelb: _____

Rot: _____   Lila: _____

Blau: _____   Orange: _____

Grün: _____   Braun: _____

Meine Entdeckungen:

_____

_____

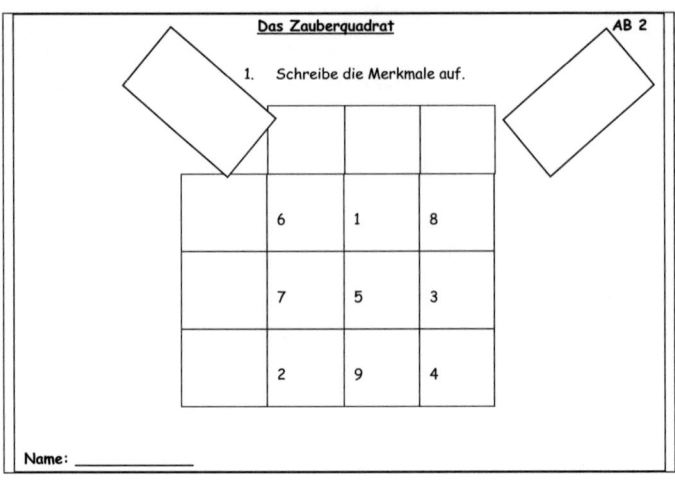

Das Zauberquadrat   **AB 2**

1. Schreibe die Merkmale auf.

6	1	8
7	5	3
2	9	4

Name: _____

1.   Lies die Fragen. Weißt du eine Antwort? Schreibe auf.

Wie viele Felder gibt es im Zauberquadrat? _____

Wie viele Zahlen gibt es im Zauberquadrat? _____

Wie viele Felder und Zahlen gibt es in einer Zeile? _____

Wie viele Felder und Zahlen gibt es in einer Spalte? _____

Wie viele Felder und Zahlen gibt es in einer Schräge (Diagonalen)? _____

Was kannst du mit den 3 Zahlen machen? _____

Kennst du schon ein anderes Wort für das Ergebnis 15? _____

Name: _____

Die Geschichte und Bilder zu Lo Shu:

Märchen der Schildkröte Lo Shu

Vor ungefähr 4000 Jahren lebte im fernen China der Kaiser Yü (Bild) in einem großen mit Gold und Edelsteinen ausgeschmückten Palast. Der Kaiser liebt es, durch seinen wunderbaren Garten zu spazieren, in dem herrliche Blumen wuchsen und durch den der Fluss „Lo" floss. Eines Tages erschien dem Kaiser Yü am Fluss eine Schildkröte mit einem merkwürdigen Panzer (Bild). Es war aber keine gewöhnliche Schildkröte, denn sie konnte auch sprechen. „Guten Tag, ich heiße Lo Shu", stellte sie sich dem überraschten Kaiser vor. Als sich der Kaiser von dem Schreck erholt hatte, sagte er: „Liebe Lo Shu, in meinem ganzen riesigen Kaiserreich habe ich noch nie eine Schildkröte mit solchen Zeichen auf dem Panzer gesehen. Was bedeuten diese geheimnisvollen Zeichen?" Die Schildkröte jedoch wusste es selbst nicht, wollte es aber auch gern erfahren. Da ließ der Kaiser Yü die 19 Weisen seines Landes zusammenrufen…(Vgl. Wittmann & Müller, 2004, S.197)

[9]

(Bild einer Schildkröte)

(Abbildungen aus urheberrechtlichen Gründen entfernt)[10][11]

---

[9] https://de.wikipedia.org/wiki/Yu_Di#/media/File:Jade_Emperor._Ming_Dynasty.jpg
[10] Wittmann & Müller, 2001, S.59.
[11] www.uni-landau.de/rasch/.../V11.1_Aufgabenformate.pdf